电力企业现场作业安全常识

口诀把路铺　手眼身法步

国网天津市电力公司东丽供电分公司　组编

中国电力出版社
CHINA ELECTRIC POWER PRESS

内 容 提 要

本书将戏曲表演艺术中的五种技法，即“手、眼、身、法、步”，与电力生产实际工作相结合，详细讲解在进行现场作业过程中的禁忌及注意事项，并配有漫画说明。在每章最后都有安全口诀的警示语，使广大员工能够谨记口诀，防范风险于未然。

本书采用漫画加口诀的方式呈现，适合电力企业从事现场操作的技术人员学习使用，既容易理解，又方便记忆。

图书在版编目（CIP）数据

电力企业现场作业安全常识 / 国网天津市电力公司东丽供电分公司组编 . —北京：中国电力出版社，2018.4
ISBN 978-7-5198-1789-3（2019.6重印）

Ⅰ. ①电… Ⅱ. ①国… Ⅲ. ①电力工业－工业企业管理－安全管理－基本知识 Ⅳ. ①TM08

中国版本图书馆 CIP 数据核字（2018）第 038737 号

出版发行：中国电力出版社
地　　址：北京市东城区北京站西街 19 号（邮政编码 100005）
网　　址：http://www.cepp.sgcc.com.cn
责任编辑：丁　钊（010—63412393）
责任校对：王晓鹏
装帧设计：弘承阳光
责任印制：单　玲

印　　刷：北京博图彩色印刷有限公司
版　　次：2018 年 4 月第一版
印　　次：2019 年 6 月北京第二次印刷
开　　本：880 毫米 ×1230 毫米　横 48 开本
印　　张：0.75
字　　数：22 千字
印　　数：3001—6000 册
定　　价：15.00 元

前言

为夯实本质安全管理和营造积极向上的安全文化氛围，引导员工以饱满的热情投入到安全生产工作中来。国网天津市电力公司东丽供电分公司将戏曲表演艺术中的五种技法，即“手、眼、身、法、步”，与电力生产实际工作相结合，提出苦练安全基本功的理念，意在以生动、形象的风格阐述实际工作中应该重点注意的事项，以五字口诀的形式表现出来，使广大员工能够谨记这五字口诀，如当头棒喝般铭记于心，防范风险于未然。

目录
Contents

目录
Contents

一、手

手是人身体的延伸，大部分的人身伤亡事故均与手有关。

设备勿乱指

人在设备前，有意或无意地抬手指向设备，很容易使人不满足设备不停电时的安全距离，从而发生设备对人放电的伤亡事故。

2 设备勿乱摸

人在带有接地外壳（或带有绝缘介质）的设备前，切勿随意触摸设备，若设备外壳无可靠接地（或绝缘损坏），很容易发生触电伤亡事故。

3 施救触电者

请勿直接用手接触触电者，以防触电。

4 验电

高压验电应戴绝缘手套且手应握在手柄处不得超过护环。

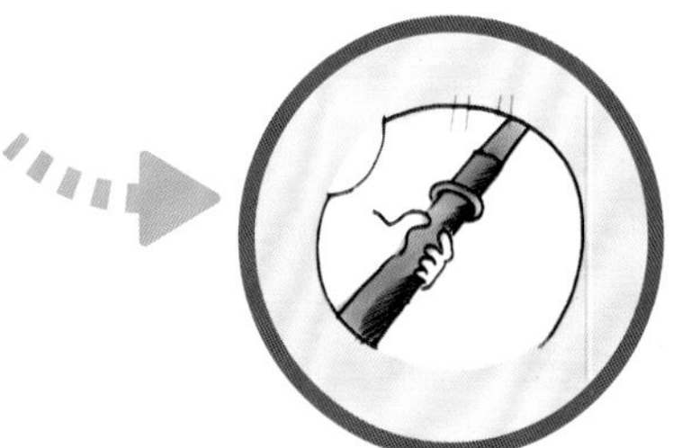

警示口诀

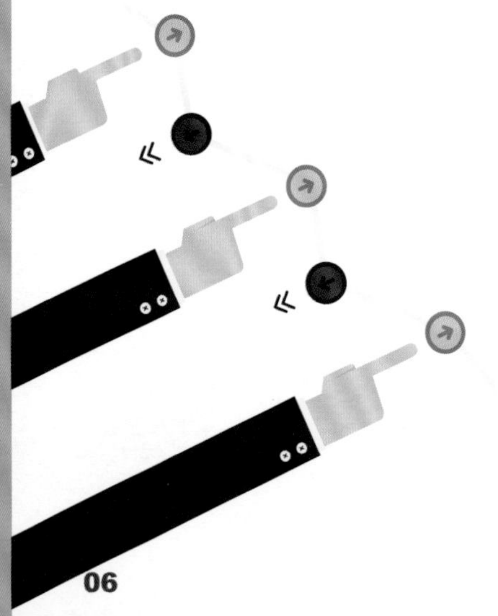

» 现场设备勿乱指，
小心电魔不饶你；

» 现场设备勿乱摸，
小心电魔来咬你；

» 触电勿用手去碰，
抢救伤员心莫急；

» 绝缘手套长相伴，
要让电魔远离你；

保护双手命长久，欢声笑语总有你。

二、眼

眼观六路，制止违规违章行为的同时，防止自身和他人受到伤害。

1 前后看

现场作业要“瞻前顾后”，时刻关注身前、身后情况，及时提醒并制止他人的违规违章行为，保护好自己和他人不受伤害。

2 左右看

现场作业要“左顾右盼”，时刻关注身体左右两侧情况，防止来自身体两侧的意外伤害，及时提醒并制止他人的违规违章行为，保护好自己和他人不受伤害。

3 上下看

现场作业要“上看下看”，时刻关注头上和脚下情况，防止头部受到撞击和地面凹凸不平带来的意外伤害，及时提醒并制止他人的违规违章行为，保护好自己和他人不受伤害。

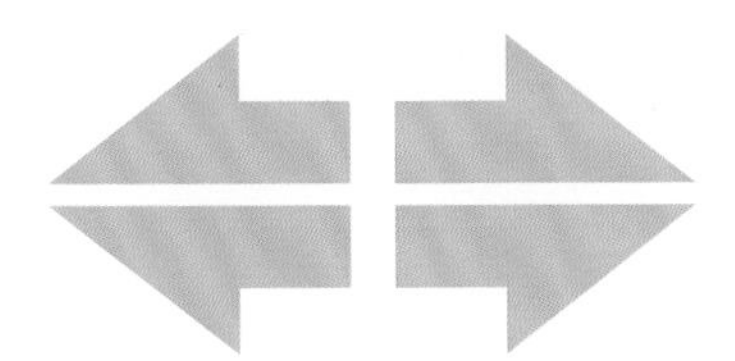

警示口诀

» 左看右看，制止违章；
前看后看，杜绝违章；

» 上看下看，消灭违章；
经常看看，幸福安康。

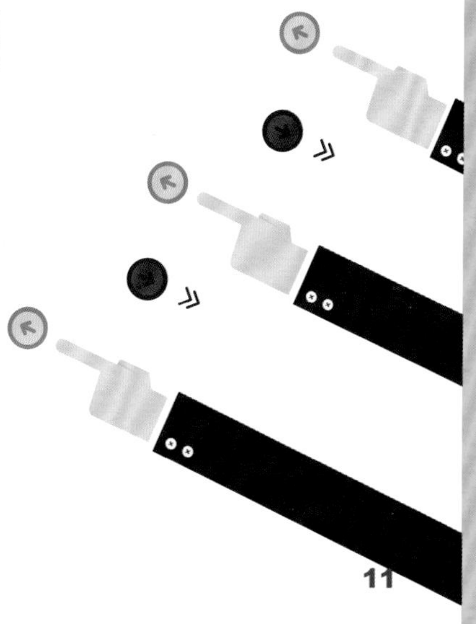

三、身

现场作业人员作业时动作要正确、明确、干净、利落，不要做不利于安全的行为或动作。

勿图省事

现场作业人员勿图省事，不要省略保护措施。

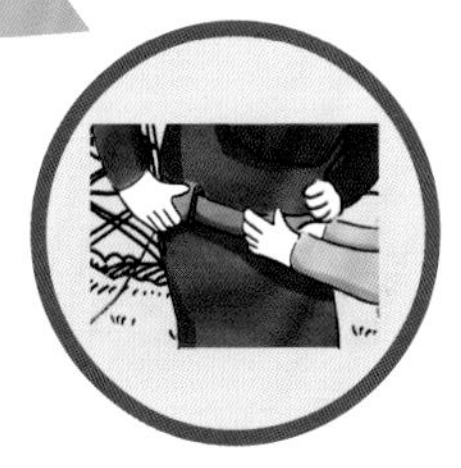

2 勿怕麻烦

现场作业人员勿怕麻烦，在发现少带安全工器具或天气情况变化时，勿因作业点距离远、往返时间长而存在侥幸心理继续作业。

3 勿要逾越安全红线

牢记安全距离和安全活动范围，勿因多余动作导致身体或身体部分位置与带电体之间安全距离不够，从而发生放电人身伤亡事故。

表1 设备不停电时的安全距离

电压等级（kV）	安全距离（m）
10及以下	0.70
20、35	1.00
66、100	1.50

注 1.表中未列电压应选用高一电压等级的安全距离。
2.本表来源于《国家电网公司电力安全工作规程》。

表2 工作人员工作中正常活动范围与带电设备的安全距离

电压等级（kV）	安全距离（m）
10及以下	0.35
20、35	0.60
66、110	1.50

注 1.表中未列电压应选用高一电压等级的安全距离。
2.本表来源于《国家电网公司电力安全工作规程》。

警示口诀

无需珍宝装饰自己，要用安全武装自己；
无需荣耀加持自己，要用健康回报自己。

四、法

无规矩，不成方圆。

1 凭票工作

现场在电气设备上工作时，应使用工作票。

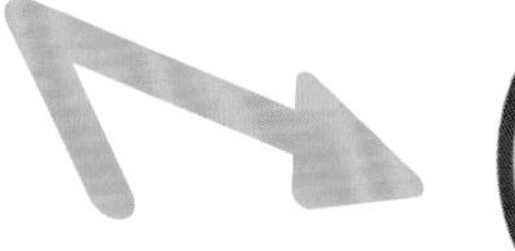

2 凭票操作

作业人员在操作过程中，应按操作票和工作票填写的顺序逐项操作。

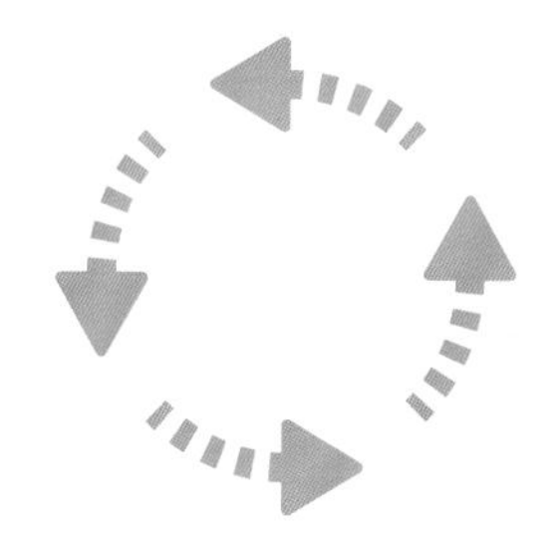

3 做好自身安全措施

穿好工作服和绝缘鞋，戴好安全帽，系好安全带。

4 停电

应根据《电力安全工作规程》对工作地点需要停电的设备停电。

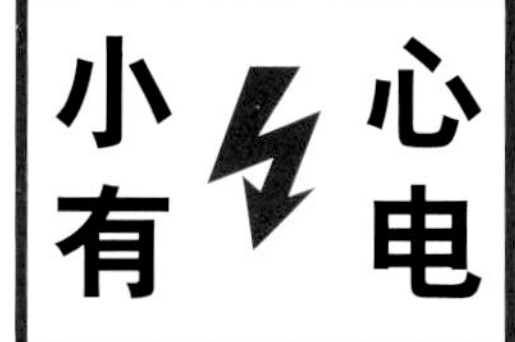

验电

通过直接验电或间接验电，检查设备是否有电。

6 接地

装设接地线应先接接地端，后接导体端，接地线应接触良好，连接应可靠。

7 悬挂标示牌和装设遮栏（围栏）

悬挂标示牌和装设遮栏（围栏）保障作业人员安全。

警示口诀

少一个痛心事故，多一个感人故事；
少一分粗心大意，多一分安全保障。

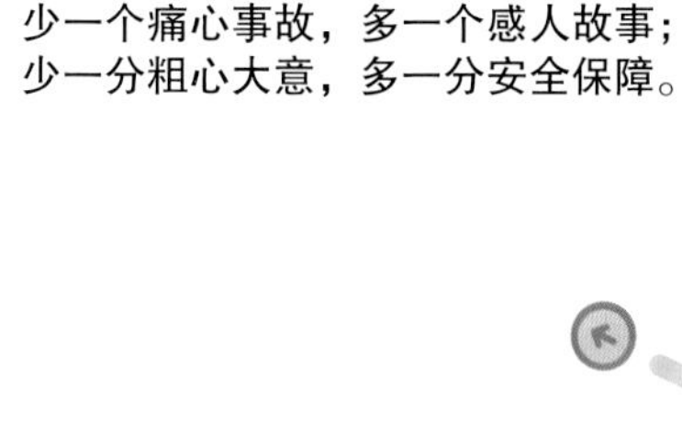

五、步

错一步深渊万丈，
对一步海阔天空。

1 巡视路线要正确

严格按照规划的巡视路线进行设备巡视，严禁另辟蹊径。

2 工作间隔要走对

反复核对设备双重名称，严禁走错间隔。

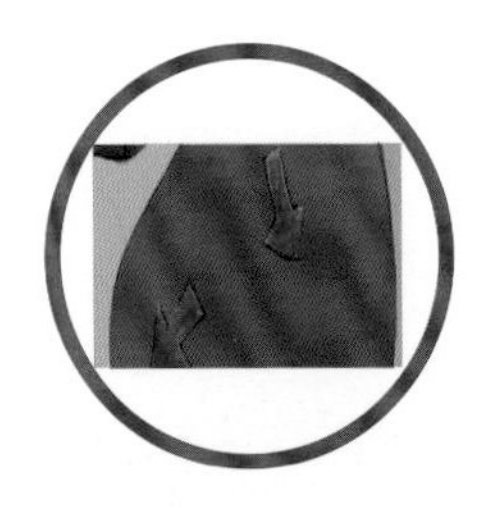

警示口诀

你走出的每一步都事关生死，
你踏出的每一步都是整个人生！

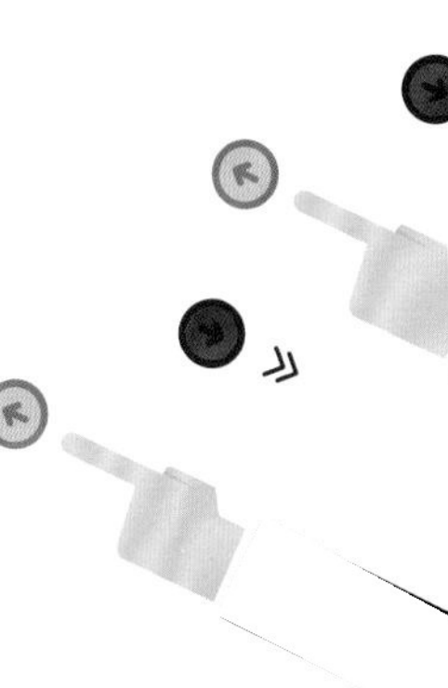